新东方烹饪教育

组编

西点师成长必修课程系列

我的翻糖艺术

中国人民大学出版社

·北京·

本书编委会

编委会主任

金晓峰

编委会副主任

王年科

编委会成员（排名不分先后）

杨敬　赵乐

前言

柔软的蛋糕坯被挺括而圆润的翻糖外壳包裹着，像一颗柔软而甜蜜的心。一双纤细的巧手，用微热的体温慢慢地温热着五颜六色的翻糖膏，或塑或雕，或勾或推，一个个造型精美的翻糖作品就这样出现于掌心，带着芬芳，骄傲地迎接客人们艳羡的眼光……相信很多女孩都会被这样的场景所感动，这就是制作翻糖蛋糕的真实场景。

翻糖蛋糕源于英国，是一种工艺性很强、延展性极佳的蛋糕，它以翻糖来代替常见的鲜奶油，覆盖在蛋糕表面上，再以各种糖塑的卡通人物、花朵、动物等作装饰，可以塑造出各式各样栩栩如生的造型，深受人们的喜爱。

无论是用料还是制作工序，翻糖蛋糕无一不是极致的品质展现，构筑起西式甜点层层复杂的繁复工法，带给你视觉与味觉的完美结合，这也让人们对它产生了一种"高不可攀"的距离感。

其实，这种大家眼中的精致品并没有想象中的那么难以靠近，只是我们没有深入地去了解，不知道从何入手而已。本书就以翻糖蛋糕制作为基调，以更适合一般大众的制作为出发点，详细地分解制作技巧，让梦幻的翻糖蛋糕变得易学而亲近。

翻开这本书，你会感受到一种很自然的文艺风格，领悟到积极美好的价值观，让你可以远离尘嚣，用心制作美食，享受静止的时间和空间，从而感悟自己的人生，编织一个甜蜜的梦想。

本书除了图文并茂地介绍各种翻糖花的制作，还配有操作视频，可供读者更加直观地学习翻糖制作方法。

目录

一、工具　001

二、色彩搭配　006

三、翻糖调色　010

四、固定铁丝方法　　　*014*

五、翻糖蛋糕敷皮制作　*018*

六、糖花制作　　　　　*020*

一

ONE

工具

糖花工具

① **花茎板：**由花茎板和防滑垫两部分组成。擀花瓣时将防滑垫置于花茎板下面可以防滑。好的花茎板防粘效果好，可以将干佩斯擀得很薄。

② **小剪子：**用来剪手工小花，刻球花、向日葵花蕊等。

③ **花枝钳：**用来剪断或者弯折糖花铁丝。

④ **海绵垫：**将切下的花瓣放置在海绵垫上，利用球形棒在花瓣边缘滚压，可以使花瓣边缘变薄，形成自然的褶皱。

⑤ **线：**可以用来做花蕊，常用的有白色、黄色。也可以用白色刷成其他颜色。

⑥ **白油：**用来防粘。

⑦ **食用胶水：**用来粘贴花瓣。

⑧ **布粉袋：**装入淀粉，可以用来防粘。

⑨ **切模：**分为塑料和不锈钢两种材质。如果是不锈钢的，一定要选接口处平整且刃薄的。

⑩ **糖花铁丝：**有粗细不同的型号供大家选择。将铁丝作为花瓣的支撑，晾干后可以随意组装花瓣。

⑪ **纹理模：** 可以压出不同的纹理，根据不同的花选择对应的纹理模。

⑫ **细节擀面棍：** 适用于细节造型的处理。

⑬ **球形工具：** 一套有四支，共有 8 头大小不一的球形。通常为不锈钢材质，主要用来滚压花瓣的边缘弧度。

⑭ **划线器：** 针头可以刺穿气泡，另一端可以在糖膏上划出纹理。

⑮ **刻刀：** 用于切割糖皮、花瓣。

⑯ **镊子：** 用来制作花蕊定型。

⑰ **胶水笔：** 用来粘贴花瓣。

⑱ **轮刀：** 用来制作糖花纹路。

⑲ **擀面棍：** 用于擀花瓣。

⑳ **泡沫球：** 有圆形、水滴形等，可以用来做玫瑰、百合、花毛茛等的花蕊，以减轻整朵花的重量。

㉑ **花蕊：** 有不同颜色、不同形状和质感的花蕊。

㉒ **插花器：** 糖花制作完成后，需要插入插花器内，再插入蛋糕。

㉓ **糖花胶带：** 用来将完成的花瓣裹成一枝完整的花，有棕色、白色、深绿色、浅绿色等颜色。

㉔ **花瓣纹理棒：** 用来制作花瓣的纹理。

上色工具

❶ **色素：**用于糖花上色。

❷ **色粉：**用于糖花上色。

❸ **翻糖光亮剂：**赋予花瓣光泽，保持花瓣颜色不变。

❹ **色膏：**用于糖花上色。

❺ **上色机：**最大的优势是上色快，并且可以达到过渡色的效果。

❻ **调色盘：**用于色膏调色。

❼ **色粉刷：**用于将色粉刷在翻糖花瓣的表面上。大面积着色时用大号，需要细节处理就用小号。

❽ **厨房纸：**用于色粉调色。

定型工具

1. **硅胶模具：** 用于花瓣定型。

2. **晾花波浪板：** 用于花瓣定型。

3. **泡沫海绵：** 可以将定好型的花瓣插在泡沫海绵上，加速晾干。

4. **晾花架：** 花瓣未干时，为避免向下翻卷，可以将花倒挂在晾花架上。

5. **糖花保存置放板：** 由两面组成，底部是硬质塑料板，表面是一张软质塑料，可以像书本一样打开。将一次性切下的花瓣全部放在中间，表面的塑料覆盖在花瓣上，使其与空气隔绝，这样可以保持花瓣柔软湿润的状态，缩短糖花的制作时间。

6. **锡箔纸：** 用于花瓣定型。

7. **晾花小碗：** 用于糖花的定型晾干。不仅可以放置单片的花瓣，也可以放整朵花。

8. **插花板：** 用来插花。

9. **定型勺：** 用于花瓣定型。

10. **鸡蛋海绵：** 用于翻糖花瓣的定型晾干。将花瓣放在海绵垫上调节需要的弧度。鸡蛋海绵的透气性好，可以使花瓣较快定型，缩短制作时间。

二

TWO

色彩搭配

色彩搭配法则

著名的色彩学家约翰内斯·伊顿认为："色彩就是生命。"

颜色分为两大类：无彩色和有彩色。

无彩色包括黑色、白色以及由黑、白两种颜色通过不同比例调制出来的各种灰色。黑色和白色是最基础的颜色。

有彩色是除了黑、白、灰以外的颜色。其中，红、蓝、黄三种色彩是最基本的颜色。它们无法用其他的颜色混合调制出来，是最原始的颜色，被称为"三原色"。其他有彩色都可以用三原色以及黑、白色经过混合调制出来。

有彩色具有色相、明度、彩度三个属性。

◆ 色相：反映色彩相貌的名称。如红、橙、黄、绿、青、蓝、紫等。

◆ 明度：指色彩的明亮程度，也就是色彩的深浅度。明度越高，则越亮越淡；明度越低，则越暗越深。最亮的颜

色是白色，最暗的颜色是黑色，均为无彩色。有彩色的明度，越接近白色者越高，越接近黑色者越低。由两种原色混合而成的二次色和原色统称为纯色，纯色具有颜色本身的明度。

◆ 彩度：指颜色的鲜艳程度。无彩色是彩度最低的颜色，三种原色是彩度最高的颜色。绝大多数颜色都是由三原色和黑、白色混合调配出来的，颜色越单纯，彩度越高，颜色中包含的基础颜色越多，彩度越低。

色彩搭配方式

色彩的搭配方式大致分为以下 5 种:

1. 同色系搭配
同色系搭配是指用同一颜色的不同深浅变化,也就是渐变色来搭配。

2. 邻近色搭配
邻近色搭配是指由色相环上几个相邻的颜色搭配。如粉红、玫瑰红与红紫色,黄色与橙色等。

3. 对比色搭配
对比色搭配是指在色相环上两个相对立的颜色的搭配。如红与绿、黄与紫等。

4. 三角色搭配
三角色搭配是指在色相环上刚好构成等边三角形的三个颜色搭配在一起。如红黄蓝、橙紫绿等。

5. 缤纷色彩的搭配
缤纷色彩的搭配是指在色环上包含很多相邻色彩,而且颜色跨度非常大的配色方法。

三

THREE

翻糖调色

面团上色

市场上有多种颜色的糖膏可供选择。但如果找不到想要的颜色或者只需要少量的某种颜色，最好的方法是自己给糖膏上色。

① 为避免不必要的浪费，应该是用多少就取多少。将白油涂抹在手套上防粘。反复揉捏至柔韧一致。

② 根据糖膏的分量和想要的颜色深度，在翻糖里面加入食用色膏。量少时最好用牙签取色膏。

③ 反复拉抻、揉捏，直到色膏与翻糖完全揉匀。

④ 如果感觉颜色不够深，可以再次加入色膏。

⑤ 将面团颜色揉匀即可。

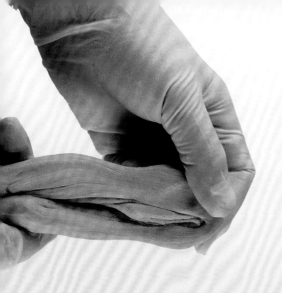

贴心小提示

1. 如果需要上色的糖膏较多，建议先将一小部分糖膏调成较深的颜色，再将其加入剩余的糖膏中揉匀。

2. 糖膏会随着色膏的加入而变得越来越软、越来越黏。解决方法是：加入少量的黄蓍胶，放置一会儿后，糖膏会变硬。

3. 有些颜色会由于时间和光线的原因褪色，例如粉色、蓝色和紫色。因此这几种颜色在调色时可适当调深一些，同时还要避免强光直射。

色粉上色

首先选择与需要的颜色相应的色粉，可以用一种或者几种色粉调制，然后准备一张厨房纸用来调色，最后用刷色笔刷上自己想要的颜色。通常花瓣和叶子的根部颜色要重一些。

1. 如果花瓣太干，会使色粉不易着色，所以上色要及时。

2. 色粉上色后，将花瓣在蒸脸机的热气中过一下，可以使花瓣对色粉的吸收效果更好。
如果没有蒸脸机，也可以用电磁炉烧盆水代替。

喷枪上色

　　喷枪上色和色粉上色都是表面着色，其区别在于，喷枪上色
用色素，颜色效果会更艳丽一些。

　　具体操作是先采用高浓度白酒将色素稀释并搅拌充分，然后
在一张白纸上进行试喷。操作时要掌握好花瓣的角度和喷枪的距
离后再进行喷色。

贴心小提示

1. 喷枪上色后，所有的花瓣和叶子需要进
行晾干定型，不可以使花瓣重叠或者用手
直接拿花瓣。

2. 当只需要对花瓣局部上色时，可以选用
遮挡物或者改变花瓣的角度来进行喷色。

四

FOUR

固定铁丝方法

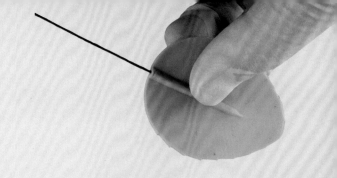

方法一

① 将干佩斯置于花茎板上擀薄。

② 将干佩斯取下，花茎凸面向上。

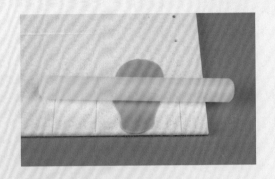

③ 用切模将叶片切下。

④ 将铁丝一端刷上胶水。

⑤ 将铁丝插入叶片的 2/3 处。

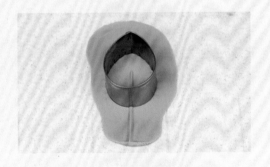

方法二

① 将干佩斯擀至 2mm 厚，用切模将叶片切下。

② 用细节擀面棍将叶片两边擀薄。

③ 用切模再次将叶片切下。

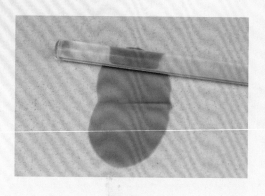

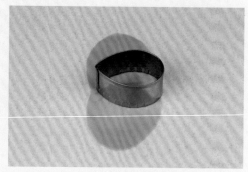

④ 将铁丝一端刷上胶水。

⑤ 将铁丝插入花瓣的 2/3 处。

方法三

① 用花茎板光滑的一面将干佩斯擀薄。用切模一次性全部切好叶子放置于晾花板备用。

② 取小块干佩斯揉圆，插入铁丝。

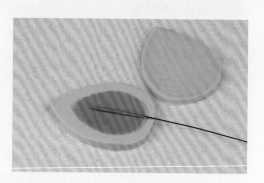

③ 将干佩斯搓成长条，约为花瓣的 2/3 长。

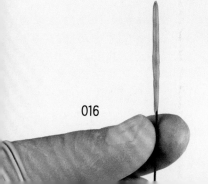

④ 将干佩斯与花瓣粘到一起，用
叶片纹理模压紧。

⑤ 叶片完成。

方法四

① 将干佩斯搓成长条，插入铁丝。 ② 用擀面棍将其擀至 2mm 厚。

③ 用细节擀面棍将铁丝两边的干佩
斯擀薄。

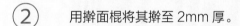

④ 用切模将花瓣切下。

五

FIVE

翻糖蛋糕

敷皮制作

①　制作蛋糕坯。

②　将蛋糕坯裁好备用。

③　将蛋糕坯的夹层与表面用黄油霜
　　抹平后冷藏 30 分钟。

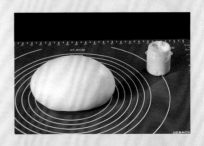

④　将翻糖膏揉好。

⑤　用长擀面杖将翻糖膏擀薄、擀均
　　匀至 3mm ~ 5mm 的厚度。

⑥　将擀薄的糖膏卷起来敷在蛋糕
　　坯上。

⑦　用抹平器将气泡压掉。

⑧　用滚轮刀把蛋糕周边多余的废料
　　切掉。

⑨　再次用抹平器把蛋糕表面修
　　平整。

六

SIX

糖花制作

叶子

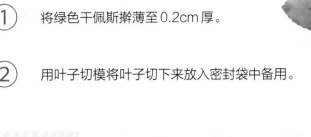

① 将绿色干佩斯擀薄至0.2cm厚。

② 用叶子切模将叶子切下来放入密封袋中备用。

③ 用细节擀面棍将叶子的两端擀薄，中间留一条花茎，用切模再次把叶子切下来。

④ 将28号铁丝折成U形钩，沾胶水插入叶子的1/2处。

⑤ 用叶子纹路模压出叶子纹路。

⑥ 将叶子置于海绵垫上，用球形棒把边缘擀薄，放在鸡蛋海绵上定型晾干。

⑦ 将色粉依次刷在叶子的中间和边缘，具体根据需要的叶子颜色来选择色粉，完成整个操作步骤。

• 提示 •

　　各种花卉的叶子的制作可以参照以上步骤，根据需要选择不同的模具和颜色。本书除个别花卉需要特别介绍叶子的操作外，大部分花卉配套的叶子制作不再单独介绍。

奥斯汀玫瑰

花语

守护的爱，暗喻守护爱情、守护亲情、守护友情。

奥斯汀玫瑰由英国人大卫·奥斯汀（David C.H. Austin）所培育。他将古老玫瑰华丽而花瓣繁多的花形与现代月季花色丰富等特点融合在一起，创造了月季新品系——奥斯汀。他将英国人骨子里的浪漫气质发挥到了极致，让全世界都看到了英伦后花园所绽放出的古典优雅。奥斯汀玫瑰品种较多，多以大卫·奥斯汀的家人、著名玫瑰专家、英国地名、英国历史事件、英国作家名字等命名。

名称

奥斯汀玫瑰

别称

奥斯汀月季

颜色

白色、粉色、紫色、
黄色、橙色

原料

干佩斯、白油、
红色色膏

工具

28号白色细铁丝、花茎板、细节擀面棍、
水滴形花瓣切模、花瓣纹理模、调色盘、刷色笔、
花枝钳、鸡蛋海绵、绿色胶带、黄色花蕊

① 将黄色花蕊从中间对折，用铁丝固定之后用胶带绑紧。

② 将干佩斯擀薄用水滴形花瓣切模切出花瓣。

③ 将铁丝插入花瓣的 2/3 处并用球形棒将花瓣擀成勺子状。

④ 将花瓣卷成橄榄形。

⑤ 依次粘上花瓣，5 片花瓣为 1 组，做 6 组。

⑥ 将 6 组花芯围绕黄色花蕊固定。将第 6 层花瓣压出纹路定型后粘在花芯上。

⑦ 接着将第 7 层与第 8 层的花瓣粘上。

⑧ 将奥斯汀与叶子组装，完成制作。

百合花

花语

纯洁，高贵，清雅，喜悦，幸福。

百合花有"云裳仙子"的美称，深受人们喜爱。南北朝时期，梁宣帝有诗云："接叶有多种，开花无异色。含露或低垂，从风时偃抑。甘菊愧仙方，蕙兰谢芳馥。"这首诗赞美百合花具有超凡脱俗、矜持含蓄的气质。宋庆龄非常喜欢百合花，每逢春夏，她都会在居室插上几枝。

在西方国家，百合花的花名是为了纪念圣母玛利亚，因此，它的花语就是纯洁。在中国，百合花具有百年好合、美好的家庭、伟大的爱之含义，有深深祝福的意义，象征夫妻恩爱、百年好合，因而一直是婚礼上的用花。

名称

百合花

别称

山丹、夜合花、倒仙

颜色

白色、粉红色、黄色

原料

干佩斯、食用胶水、白油、绿色色粉、粉色色粉

工具

22号绿色铁丝、28号白色细铁丝、花茎板、刷色笔、细节擀面棍、百合花花瓣切模、百合花花瓣纹理模、厨房纸、花枝钳、晾花板、绿色胶带、海绵垫、球形棒

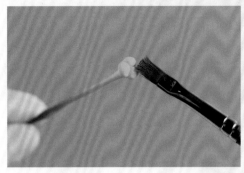

① 取小块干佩斯插入绿铁丝搓成百合花的雌蕊，顶端用镊子做成三柱头并刷上绿色色粉。

② 取小块干佩斯搓出百合花的6个雄蕊。顶端做出咖啡色的花药。

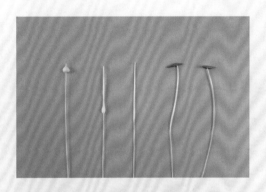

③ 将6个雄蕊围绕雌蕊用胶带绑好。

④ 将干佩斯置于花茎板上擀薄，用百合花花瓣切模切出6片花瓣。将白色铁丝从花瓣根部插入约1/2处。将花瓣置于海绵垫上，用百合花花瓣纹理模压出花瓣纹路。用球形棒将花瓣边缘处擀薄。放在晾花板上定型晾干。给花蕊和花瓣刷上粉色色粉。

⑤ 将花蕊与第一层3片花瓣依次组装。

⑥ 第二层花瓣绑在第一层花瓣两两之间，完成制作。

芙蓉花

芙蓉花制作视频

花语

贞操，纯洁。

相传一位女子的丈夫出海身亡，但这位女子不愿接受这个事实，于是她便天天在海边等丈夫回来。有一天她看见水里浮现出她丈夫的脸，回头一看是岸边的树，她便把这棵树当作她丈夫。人们把这棵树叫做"夫容"，开出来的花叫"夫容花"，后人为求文美便叫做"芙蓉花"。

名称

芙蓉花

别称

木芙蓉、拒霜花、
木莲、地芙蓉

颜色

白色、粉红色、
红色、黄色

原料

干佩斯、食用胶水、白油、黄色色膏、绿色色膏、
绿色色粉、橙色色粉、棕色色粉、黄色色粉、紫色色粉

工具

28 号白色细铁丝、花茎板、细节擀面棍、芙蓉花瓣切模、
芙蓉花瓣纹理模、调色盘、刷色笔、花枝钳、晾花板、
水滴形花芯、绿色胶带、海绵垫、球形棒

① 将5根白色花蕊用胶带固定在铁丝上，取小块黄色干佩斯搓成细长条做花芯。花芯顶端插入黄色的花蕊，约12根即可。将花芯的根部由重到浅刷上红褐色色粉。

② 将黄色干佩斯置于花茎板上擀薄。用芙蓉花瓣切模切出5片花瓣。

③ 用细节擀面棍将花瓣两边擀薄。

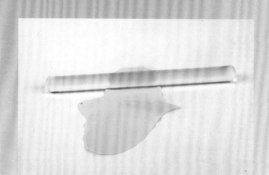

④ 用花瓣切模再次切下花瓣。

⑤ 白色细铁丝一端刷少量胶水。

⑥ 将铁丝从花瓣根部插入约2/3处。

⑦ 将花瓣置于海绵垫上，用花瓣纹理模压出花瓣纹路。

⑧ 用球形棒将花瓣边缘处擀薄。

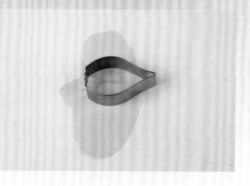

⑨ 将花瓣放在晾花板上定型晾干。　⑩ 给花瓣刷上一层柠檬黄色。

⑪ 花瓣的根部由重到浅刷上红褐色色粉。

⑫ 用细毛笔加重花瓣的纹理。

⑬ 将花蕊与花瓣依次组装。

⑭ 在水滴形花芯上做出芙蓉花的花苞。

⑮ 在花朵的下方做出5枚绿色萼片，完成制作。

铃兰花

花 语

幸福归来。

铃兰花制作视频

铃兰花的美为天性浪漫的法国人所青睐。从 20 世纪初开始，每年的 5 月 1 日是法国的"铃兰节"。这一天，法国处处卖铃兰，人人送铃兰。法国人深信，铃兰会给人带来幸福。这一天，朋友们互赠这种如响铃状的白色小串花，象征着朋友的到来，春天的到来，好运的到来。传说只要收到铃兰花就会受到幸运之神的眷顾。

英国人也是铃兰花的超级"粉丝"，将其称为"圣母之泪"。

意大利人称铃兰花为"世界之福"，据说是因为铃兰花有显著的强心药效。

中国人把铃兰花称为"君影草"，令人联想到孔子所颂扬的"芝兰生于深谷，不以无人而不芳；君子修道立德，不为困穷而改节"的高尚人格。

铃兰花和丁香花不能放在一起，否则丁香花会迅速萎蔫，如把铃兰花移开，丁香花就会恢复原状。铃兰花也不能与水仙花放在一起，否则会两败俱伤。

名称	别称	颜色
铃兰花	草玉铃、君影草、香水花、鹿铃、小芦铃、草寸香、糜子菜、芦藜花	乳白色、粉色

原料	工具
干佩斯、白油、绿色色粉	28 号白色细铁丝、花茎板、细节擀面棍、铃兰花瓣切模、调色盘、刷色笔、花枝钳、鸡蛋海绵、绿色胶带

① 将铁丝的一端用花枝钳折成 U 形钩。取小块面搓成圆球状插入铁丝。将干佩斯置于花茎板上擀薄。用铃兰花瓣切模切出花瓣。将花瓣置于海绵上，用球形棒按压中心部分。放置于鸡蛋海绵上晾干定型。将圆球顶端刷少量胶水，粘上花瓣。

② 将刷好色的圆球由小到大依次组装。

③ 将做好的铃兰花用胶带依次绑好，完成制作。

花毛茛

花语

受欢迎，个性随和、健谈，倍受仰慕和喜爱。

花毛茛原产于欧洲东南部和亚洲西南部。1596年英国人引入进行人工栽培,在园林和切花中很常见。现在各国多有栽培,荷兰、英国、法国、美国、日本等栽培较多,并且培育出许多切花和盆栽品种。中国在20世纪90年代开始从荷兰、日本等引种。

名称

花毛茛

别称

芹菜花、波斯毛茛、
陆莲花、"洋牡丹"

颜色

花色丰富,有白、黄、红、
橙、紫、褐多种颜色

原料

干佩斯、白油、
粉色色膏、橙色色膏

工具

28号白色细铁丝、花茎板、细节擀面棍、圆形切模、
花瓣纹理模、调色盘、刷色笔、花枝钳、球形棒、针形棒、绿色胶带

① 将铁丝的一端插入圆形花芯的 1/2 处。

② 将干佩斯置于花茎板上擀薄。用圆形切模切出花瓣。第一瓣贴于泡沫球顶端并压出纹理。

③ 将花瓣置于海绵垫上压出纹理，并用球形棒将其擀成勺子状。第一层贴 5 片花瓣，最后一瓣压在第一瓣下面。

④ 依此类推叠加 8 层花瓣。可用针形棒调理花形。

⑤ 将毛莨花与叶子组装在一起，完成制作。

玫瑰花

爱情，爱与美，容光焕发，勇敢。

玫瑰花制作视频

玫瑰象征着美丽和爱情。古希腊和古罗马民族用玫瑰象征着他们的爱神阿芙洛狄忒、维纳斯。在希腊神话中，玫瑰是宙斯所创造的杰作，用来向诸神炫耀自己的能力。

玫瑰是英国的国花。玫瑰花有多种颜色：红的、黄的、白的、紫的……各自有不同的代表意义。

你在你的玫瑰花身上耗费的时间使得你的玫瑰花变得如此重要。——《小王子》

名称	颜色	原料
玫瑰	白色、粉色、紫色、蓝色、绿色	干佩斯、白油、蓝色色粉

工具

18 号绿色铁丝、28 号白色细铁丝、花茎板、细节擀面棍、玫瑰花花瓣切模、花瓣纹理模、厨房纸、糖花纹理棒、小花剪、刷色笔、花枝钳、鸡蛋海绵、绿色胶带

① 将干佩斯调成由蓝到白的渐变色。

② 取小块面搓成水滴状插入铁丝并晾干。

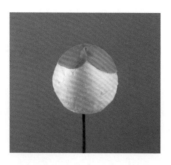

③ 将干佩斯置于花茎板上擀薄。顺时针包出花蕊。第一瓣要包紧而不漏泡沫。

④ 小号花瓣用球形工具将边缘擀薄。第一层包3片花瓣。

⑤ 用中号花瓣依次包出半开的玫瑰花。

⑥ 用大号玫瑰花花瓣切模切出花瓣。将铁丝插入花瓣根部，约1/3处。用花瓣纹理模压出花瓣纹路。

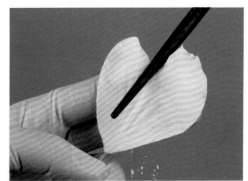

⑦ 用小花剪将花瓣边缘剪破。

⑧ 用糖花纹理棒将边缘擀出褶皱。

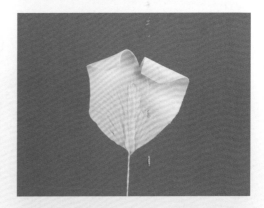

⑨ 用指尖或牙签将花瓣边缘翻卷。

⑩ 将花瓣置于定型勺上晾干定型。

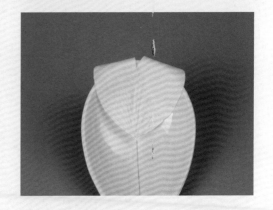

⑪ 用绿色胶带将带铁丝的花瓣包好，用刷色笔将花瓣中心刷上蓝色色粉。

⑫ 将玫瑰花与叶子用胶带绑好，完成制作。

康乃馨

向心爱的人传递自己的心意。

042

1934 年 5 月，美国首次发行母亲节纪念邮票，邮票上画着一位慈祥的母亲，双手放在膝上，欣喜地看着面前的花瓶中一束鲜艳美丽的康乃馨。随着邮票的传播，许多人在心目中把母亲节与康乃馨联系起来，康乃馨便成了象征母爱之花，受到人们的喜爱，也成为送给母亲不可或缺的珍贵礼物。

名称

康乃馨
原名"香石竹"

别称

狮头石竹、麝香石竹、
大花石竹

颜色

白色、粉色、
红色、紫色、黄色

原料

干佩斯、白油、
红色色膏、红色色粉

工具

28 号白色细铁丝、花茎板、细节擀面棍、康乃馨花瓣切模、
花瓣纹理模、厨房纸、刷色笔、花枝钳、小花剪、泡沫海绵、绿色胶带

① 将铁丝的一端用花枝钳折成 U 形钩。取小块红色干佩斯搓成椭圆形插入铁丝并晾干。将干佩斯置于花茎板上擀薄。用康乃馨花瓣切模切出花瓣。用花瓣纹理模将花瓣边缘处擀薄。中间涂上胶水，中心点插入铁丝作为第一层花瓣。

② 将花瓣按照大小依次粘贴、晾干、刷色完成。

③ 将绿色干佩斯剪出康乃馨花萼。

④ 将花萼穿入铁丝。

⑤ 在花萼中心部分刷上胶水。

⑥ 将花萼固定在花朵下方。

⑦ 用小花剪将花萼底端剪开。

⑧ 将康乃馨花瓣刷上红色色粉。　⑨ 将花萼刷上绿色色粉。

⑩ 做出康乃馨的叶子。

⑪ 将叶片固定在花枝上，完成康
乃馨的制作。

牵牛花

 花语

名誉，爱情永固。

牵牛花，又称"朝颜"，清晨花开，傍晚花谢。牵牛花有个俗名叫"勤娘子"，顾名思义，它是一种很勤劳的花。每当公鸡刚啼过头遍，时针还指在"4"字左右的地方，绕篱萦架的牵牛花枝头就开放出一朵朵喇叭似的花来。

牵牛花

圆似流泉碧剪纱，墙头藤蔓自交加。
天孙摘下相思泪，长向深秋结此花。

名称

牵牛花

别称

喇叭花、朝颜

颜色

蓝色、紫色、桃红色

原料

干佩斯、白油、粉色色粉

工具

28号白色细铁丝、花茎板、细节擀面棍、牵牛花花瓣切模、糖花纹理棒、厨房纸、刷色笔、花枝钳、泡沫海绵、绿色胶带

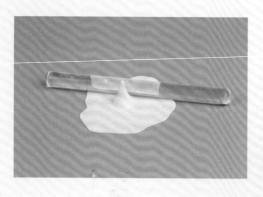

① 将干佩斯搓成帽子状，然后置于花茎板上将边缘擀薄。

② 用牵牛花花瓣切模切出花瓣。

③ 用糖花瓣纹理棒做出纹理。

④ 将花瓣刷上粉色色粉，根部插入绿色萼片，完成牵牛花的制作。

水仙花

花语

万事如意，吉祥，美好，纯洁，高尚，纯洁的爱情。

水仙，花如其名，绿裙、青带，亭亭玉立于清波之上。素洁的花朵超尘脱俗，高雅清香，格外动人，宛若凌波仙子踏水而来。水仙素有花中"雅客"之称。

在西方，水仙花的意译是"恋影花"，花语是坚贞的爱情，引申为对爱情的诚挚。

水仙花的传说：希腊神话中有一个男孩叫纳喀索斯，他出生时就有预言，只要他不看见自己的脸就能一直活下去。男孩长大后英俊漂亮，许多姑娘爱上了他，但他对她们很冷淡，追求者们生气了，要求众神惩罚傲慢的人。有一次，纳喀索斯打猎回来，在清泉里看见了自己，并爱上了自己的样子，目光离不开自己的脸，直到死在清泉旁。在他死去的地方长出了一株鲜花——水仙花。

名称

水仙花

别称

凌波仙子、金盏银台、天蒜

颜色

白色、黄色、橙色

原料

干佩斯、白油

工具

28号白色细铁丝、花茎板、细节擀面棍、水仙花瓣切模、
花瓣纹理模、厨房纸、刷色笔、
花枝钳、泡沫海绵、绿色胶带

① 将干佩斯置于花茎板上擀薄，用水
仙花瓣切模切出6片花瓣。

② 做出水仙花的花蕊，并用花瓣纹
理棒做出纹理。

③ 将6片花瓣围绕花蕊用绿色胶带
绑在一起。

④ 色粉上色，调整花形，完成水仙
花的制作。

天堂鸟

 花 语

自由、吉祥、幸福快乐，在我国也有长寿的含义。

天堂鸟是来自非洲南部的一种野花，从前英国皇后莎洛蒂喜欢这种花，所以皇后就给这种生长在"天堂鸟村"的花取名为"天堂鸟"。天堂鸟又叫"鹤望兰"，因为它形似仙鹤，象征自由和吉祥。天堂鸟还有个名字叫"极乐鸟花"，有长寿的含义。这种形状很特别、颜色也很亮丽的花常用来做插花，多是当主花，做焦点花。

名称

天堂鸟

别称

鹤望兰

颜色

白色、橙色、蓝色

原料

干佩斯、白油、蓝色色粉、
橙色色膏、黄色色膏

工具

28 号白色细铁丝、花茎板、细节擀面棍、喷枪、球形棒、
天堂鸟花瓣切模、花瓣纹理模、糖花保存置放板、
厨房纸、刷色笔、花枝钳、泡沫海绵、绿色胶带

① 做出天堂鸟的花蕊。

② 用喷枪将花蕊喷上蓝色。

③ 将黄色干佩斯与橙色干佩斯分别擀薄。

④ 再将两种颜色的干佩斯重叠，继续擀薄。

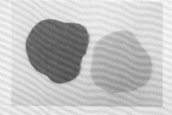

⑤ 用天堂鸟花瓣切模将所有花瓣切下。

⑥ 将花瓣放入糖花保存置放板备用，以防止晾干。

⑦ 取一片花瓣，用细节擀面棍将两边擀薄，中间留出花茎位置。

⑧ 再次用花瓣切模将花瓣切下。

⑨ 将铁丝沾少量胶水并穿入花瓣 2/3 处。

⑩ 将花瓣放入纹理模压出纹路。

⑪ 用球形棒将花瓣边缘擀薄。

⑫ 用手指将花瓣轻微对折塑形后晾干。

⑬ 将 3 片花瓣和一个花蕊用绿色胶带绑为一组。需要做两组。

⑭ 给天堂鸟做上叶子，刷色，完成制作。

银莲花

花语

渐渐淡薄的爱，失去希望。

银莲花的花语来源于希腊神话。传说花神芙洛拉因为嫉妒风神瑞比修斯与阿莲莫莲的恋情，于是把阿莲莫莲变成了银莲花，让他们永远都不能相爱。

爱的凄凉之处是你所爱的人爱着别人，如果真的是这样，不妨送他（她）一束银莲花吧。

名称

银莲花

别称

华北银莲花、毛蕊银莲花、毛蕊茛莲花

颜色

白色、红色、紫色、蓝色

原料

干佩斯、白油、紫色色粉

工具

28号白色细铁丝、花茎板、细节擀面棍、银莲花花瓣切模、花瓣纹理模、厨房纸、刷色笔、花枝钳、晾花小碗、绿色胶带

① 将干佩斯置于花茎板上擀薄。用银莲花花瓣切模切出花瓣。从花瓣的根部插入铁丝，约花瓣的1/2处。用花瓣纹理模压出花瓣纹路。将花瓣置于晾花小碗上晾干定型。用刷色笔将花瓣边缘刷上紫色色粉。

② 做出黄色花芯，将黄色花蕊围绕花芯绑好。

③ 将花瓣轻轻向后弯折，与花芯组装在一起。

④ 第一层为6片花瓣。

⑤ 第二层花瓣与第一层花瓣交错绑好，第二层花瓣为6片。完成银莲花的制作。

大花蕙兰

花语

丰盛祥和、高贵雍容，不同颜色的蕙兰具有不同花语。

粉红蕙兰：热情
白色蕙兰：痴情
淡绿色蕙兰：志气
黄色蕙兰：万事如意

蕙兰是中国栽培最久和最普及的兰花之一，古代常称之为"蕙"。它的植株飒爽挺秀，刚柔兼备的兰叶，亭亭玉立的姿态，有清芳幽远、沁人肺腑的幽香，因而吸引着千千万万的兰花爱好者。北宋著名文学家、书法家黄庭坚在其《书幽芳亭记》中说，"兰似君子，蕙似士大夫"，这句话开蕙兰品赏之门径。

名称

大花蕙兰

颜色

红色、粉红色、绿色、复色等

原料

干佩斯、食用胶水、白油、绿色色粉、
黄色色粉、橙色色粉、咖啡色色粉

工具

28号白色细铁丝、花茎板、细节擀面棍、
大花蕙兰花瓣切模、花瓣纹理模、厨房纸、刷色笔、花枝钳、
晾花小碗、绿色胶带、海绵垫、球形棒

① 取小块黄色干佩斯搓出花蕊。

② 将干佩斯置于花茎板上擀薄，用大花蕙兰花瓣切模切出花瓣。将白色铁丝从花瓣根部插入约 1/3 处。将花瓣置于海绵垫上，用花瓣纹理模压出花瓣纹路。用球形棒将花瓣边缘处擀薄。放在晾花小碗上定型晾干。给花蕊和花瓣刷上橙色色粉。

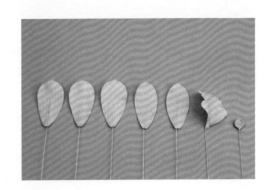

③ 将大花蕙兰的花瓣全部备好。

④ 将花蕊组装好。

⑤ 将花瓣依次用绿色胶带固定。

⑥ 做出兰花的花苞，完成制作。

向日葵

向日葵看不到太阳也会开放，生活看不到希望也要坚持。有些事情不是看到希望才去坚持，而是坚持了才会看到希望。

堪称凡·高的化身的《向日葵》仅由绚丽的黄色色系组合。凡·高认为黄色代表太阳的颜色，阳光又象征爱情，因此具有特殊意义。

名称

向日葵

别称

太阳花、向阳花、朝阳花

颜色

黄色、橙色

原料

干佩斯、食用胶水、白油、棕色色膏、深棕色色粉、橙色色粉、黄色色粉

工具

28 号白色细铁丝、18 号绿色铁丝、花茎板、细节擀面棍、向日葵花瓣切模、圆形切模、花瓣纹理模、刀形棒、球形棒、调色盘、刷色笔、花枝钳、绿色胶带、海绵垫、小剪子、泡沫海绵、密封袋

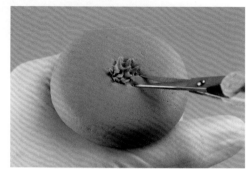

① 将 18 号绿色铁丝的一端用花枝钳折成 U 形钩。取棕色干佩斯搓成香菇状插入铁丝并固定。

② 顶端用小剪子剪出错落的花蕊。

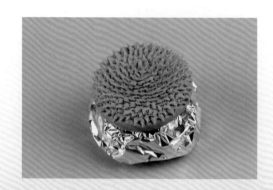

③ 花蕊定型晾干。

④ 用上色机将花蕊由内到外喷成由深到浅的咖啡渐变色。

⑤ 将黄色干佩斯置于花茎板上擀薄，用向日葵花瓣切模切出花瓣。大号切一次，小号切两次。

⑥ 用圆形切模将中间切下，把花瓣放入密封袋中防止变干。

⑦ 将花瓣置于海绵垫上，用球形棒从花瓣尖端开始由外而内滚动，使花瓣变薄并向中心卷起。

⑧ 将花瓣根部沾少许胶水贴在花蕊上围一圈。用小剪子将花瓣前端剪成三瓣。

⑨ 将黄色干佩斯置于花茎板上擀薄，用向日葵花瓣切模切出花瓣。将白色细铁丝从花瓣根部插入约1/2处。用花瓣纹理模压出花瓣纹理，根部捏紧并喷上橙色色粉。整形后插在泡沫海绵上晾干。

⑩ 取小号花瓣依次插入花蕊。

⑪ 依次插入第二层和第三层花瓣，注意要插在前一层花瓣的两两之间，完成向日葵的制作。

茶花

花语

谨慎而又孤傲。

茶花总是在严冬开得那么美丽而自得。当庭院中大部分的植物都落叶而显得枯干、无生气时，即使在已有积雪的院子里，她还是静静地绽放着。这也使她觉得分外的孤寂，即使内心有着无限的热情，也不能传达给对方。

名称

茶花

别称

山茶花

颜色

多为红色或淡红色，
亦有白色

原料

干佩斯、白油、
红色色膏

工具

28 号白色细铁丝、花茎板、
细节擀面棍、茶花花瓣切模、
花瓣纹理模、花枝钳、
鸡蛋海绵、绿色胶带

① 将干佩斯置于花茎板上擀薄。用茶花花瓣切模切出花瓣。将白色铁丝从花瓣的根部插入约1/3处。用花瓣纹理模压出花瓣纹路。将花瓣置于鸡蛋海绵上晾干定型。

② 将黄色花蕊从中间对折，用铁丝固定并用胶带绑紧。

③ 将第一层3片花瓣轻轻向后弯折，与花蕊组装在一起。

④ 第二层5片花瓣依次绑好。

⑤ 第三层5片花瓣与第二层错开绑好，完成茶花的制作。

罂粟花

希望，死亡之恋，华丽，高贵，安慰，忘却。

红色罂粟：安慰

白色罂粟：遗忘，初恋

紫色罂粟：痴迷，执着

东方罂粟：顺从，平安

罂粟花制作视频

069

太阳从东方徐徐升起，漫山雪白、湛蓝、淡紫、嫣红的花朵
摇曳在亚热带的熏风中，一股微甜苦香的气息弥漫在空气里。
这就是充满诱惑却饱含毒汁的罂粟花。

罂粟花的美丽是难以形容的，有人曾说：罂粟花有种让你看
上一眼就一辈子也无法忘记的美丽。

名称

罂粟花

颜色

白色、粉红色、红色、紫色、橙色

原料

干佩斯、食用胶水、白油、橙色色膏、
橙色色粉、红色色粉

工具

28 号白色细铁丝、花茎板、细节擀面棍、
罂粟花花瓣切模、花瓣纹理模、罂粟花芯模具、
调色盘、刷色笔、花枝钳、定型模具、
绿色胶带、海绵垫、球形棒

① 将干佩斯置于花茎板上擀薄。用罂粟花花瓣切模切出6片花瓣。将白色铁丝从花瓣根部插入约1/3处。将花瓣置于海绵垫上，用花瓣纹理模压出花瓣纹路，并用球形棒将花瓣边缘处擀薄，放入定型模具内晾干。

② 用喷枪给花瓣上色。

③ 将铁丝的一端用花枝钳折成U形钩，取小块面搓成水滴状插入铁丝。

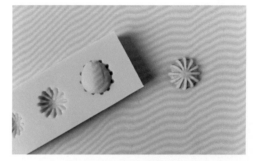

④ 用罂粟花花芯模具压出花芯。

⑤ 在水滴形花托顶端刷上胶水。

⑥ 将花芯固定在水滴形花托上。

⑦ 将黑色花蕊中间对折,用铁丝固定。

⑧ 在花蕊根部绑上绿色胶带。

⑨ 将 3 组花蕊围绕花芯用胶带绑好。

⑩ 第一层三个花瓣与花芯绑在一起。

⑪ 第二层花瓣与第一层花瓣交错组装,完成制作。

广玉兰

花语

生生不息、世代相传，美丽，高洁，芬芳，纯洁。

广玉兰为常绿乔木，叶厚革质，花大而香，树姿雄伟壮丽，树种较为珍贵，寿命较长。广玉兰花硕大且洁白，有清香，由于形似荷花，故又称"荷花玉兰"。广玉兰开花有早有迟，因此在同一棵树上能看到花开的各种形态，有的含羞待放，碧绿的花苞鲜嫩可爱；有的已经绽放，洁白柔嫩得像婴儿的笑脸，甜美、纯洁，惹人喜爱。

名称

广玉兰

别称

洋玉兰、荷花玉兰

颜色

白色

原料

干佩斯、白油、绿色色粉、
粉色色粉

工具

26 号白色细铁丝、晾花小碗、细节擀面棍、
玉兰花花瓣切模、花瓣纹理模、厨房纸、
刷色笔、花枝钳、咖啡色胶带、小花剪

① 将铁丝的一端用花枝钳折成 U 形钩。取小块绿色干佩斯搓成水滴状插入铁丝，用小花剪剪出玉兰花花蕊。

② 将干佩斯置于花茎板上擀薄。用玉兰花花瓣切模切出 9 片花瓣（3 片大号、3 片中号、3 片小号）。从花瓣的根部插入铁丝，约花瓣的 1/3 处。用花瓣纹理模压出花瓣纹路，置于晾花小碗上晾干定型。

③ 将第一层 3 片花瓣向后轻轻弯折，围绕花蕊绑好。

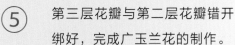

④ 第二层花瓣与第一层花瓣错开绑好。

⑤ 第三层花瓣与第二层花瓣错开绑好，完成广玉兰花的制作。

玉兰

花语

冰清玉洁，表露爱意，报恩。

相传很久以前在张家界的一处深山里住着三姐妹，大姐叫红玉兰，二姐叫白玉兰，小妹叫黄玉兰。有一天，她们下山游玩，发现村子里一片死寂。原来龙王锁了盐库，不让村里的人吃盐，导致了瘟疫发生，死了很多人。三姐妹十分同情他们，于是想尽办法帮大家讨盐。最终村子里的人得救了，三姐妹却被龙王变作了花树。后来人们为了纪念她们，就将那种花树称作"玉兰"。

玉兰

霓裳片片晚妆新，束素亭亭玉殿春。

已向丹霞生浅晕，故将清露作芳尘。

名称

玉兰

别称

望春、木兰

颜色

白色、淡紫红色

原料

干佩斯、白油、玫红色色膏、
紫红色色粉

28 号白色细铁丝、花茎板、细节擀面棍、晾花小碗、
玉兰花花瓣切模、花瓣纹理模、厨房纸、小花剪、
刷色笔、花枝钳、泡沫海绵、咖啡色胶带

 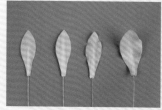 

① 将铁丝的一端用花枝钳折成 U
形钩。取小块绿色干佩斯搓成
水滴状插入铁丝，用小花剪剪
出玉兰花花蕊。

② 将白色干佩斯与玫红色干佩斯
置于花茎板上擀薄，重叠后再
擀薄。用玉兰花花瓣切模切出 9
片花瓣（3 片大号、3 片中号、
3 片小号）。从花瓣的根部插入
铁丝，约花瓣的 1/3 处。用花
瓣纹理模压出花瓣纹路。将花
瓣置于晾花小碗上晾干定型。
白色面为正面。

③ 将第一层 3 片花瓣轻轻向后弯
折，与花蕊组装在一起。

④ 第二层花瓣与第一层花瓣错开
绑好。

⑤ 第三层花瓣与第二层花瓣错开
绑好，完成玉兰花的制作。

紫荆花

花语

亲情，和睦，家业兴旺。

紫荆花，又叫红花羊蹄甲，花色紫红，形如蝴蝶般可爱。传说南朝时 3 个兄弟分家，准备将院子里的紫荆花树一分为三，却发现树已枯萎，落花满地。众人不禁感叹："人不如木也！"紫荆花花语寓意兄弟和睦，不可分离。

紫荆花开，一枝枝，一匝匝，如染、如画。颠沛流离中，漂泊的心中有几多牵挂。

名称

紫荆花

别称

红花羊蹄甲、洋紫荆、玲甲花

颜色

红色、粉色

原料

干佩斯、白油、玫红色色粉

工具

28 号白色细铁丝、花茎板、细节擀面棍、
紫荆花花瓣切模、花瓣纹理模、刷色笔、厨房纸、
花枝钳、鸡蛋海绵、绿色胶带

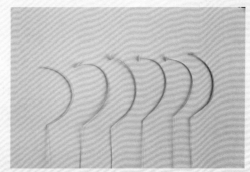

① 将干佩斯置于花茎板上擀薄。用紫荆花花瓣切模切出花瓣。从花瓣的根部插
入铁丝，约花瓣的 1/2 处。用花瓣纹理模压出花瓣纹路。将花瓣插在泡沫海
绵上晾干定型。用刷色笔将花瓣刷上玫红色色粉。

② 做出紫荆花花蕊并刷上色粉。

③ 将紫荆花花蕊组装在一起。

④ 将花瓣轻轻向后弯折，与花蕊
组装在一起。

⑤ 做出紫荆花的花萼，完成紫荆
花的制作。

081

大丽花

花语

大方，富丽，感激，新意。

082

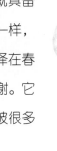

大丽花为双子叶植物纲、菊科、大丽花属，因而它也就具备了菊、牡丹和芍药花的特色。大丽花的花瓣和芍药花一样，繁复而又精致。与菊花在霜降时怒放不同，大丽花选择在春夏间开花，而且越夏后会再度开花，等到霜降时才凋谢。它的花形与牡丹极为相似，给人雍容富贵的感觉，因此被很多城市选为市花。

名称

大丽花

别称

大理花、天竺牡丹、东阳菊、大力菊、
西番莲、地瓜花

颜色

白色、粉色、紫色、蓝色、
绿色、黄色

原料

干佩斯、白油、食用胶水、
玫红色色粉

工具

28 号白色细铁丝、花茎板、细节擀面棍、水滴形切模、
小葵花花瓣切模、花瓣纹理模、球形棒、小剪子、
调色盘、刷色笔、花枝钳、密封袋、海绵垫、绿色胶带

① 将铁丝插入水滴状花蕊的1/2处。

② 将干佩斯置于花茎板上擀薄。用葵花花瓣切模切出花瓣。

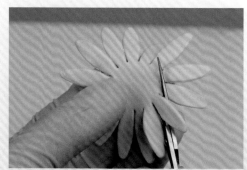

③ 用小花剪将花瓣剪下，放入密封袋备用。

④ 将花瓣置于海绵垫上，用球形棒从花瓣尖端开始由外而内滚动。使花瓣变薄并向中心卷起。

⑤ 将花瓣根部沾少许胶水贴在花蕊上围一圈。

⑥ 用小剪子将花瓣前端剪成3瓣。

⑦ 贴上第二层花瓣。

⑧ 用小剪子将花瓣前端剪成3瓣。

⑨ 依次贴上第三层花瓣。

⑩ 将干佩斯置于花茎板上擀薄。
用水滴形切模切出花瓣。用花
瓣纹理模压出花瓣纹路。花瓣
的一边涂上食用胶水，将另一
边卷成管状。将卷好的花瓣围
绕花蕊粘满一层。

  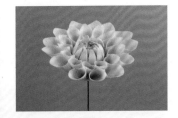

⑪ 花瓣由小到大粘满四层。

⑫ 将大丽花与叶片组装在一起，
完成大丽花的制作。

蝴蝶兰

花语

幸福向你飞来。

昨天你送我一盆蝴蝶兰，粉粉的色彩像这暖暖的春天。你把她放在我亮亮的窗前，告诉我要好好地好好地照顾你的蝴蝶兰。

现在欣赏着窗前的蝴蝶兰，翩翩的双翼拨动着我心中爱的蓝天，我有一种浓浓的幸福感。告诉我要好好地好好地照顾你的蝴蝶兰。

春天里有多少花在灿漫，千朵万朵我只欣赏你的容颜，你的高贵你的平凡，让我懂得不一样的爱恋。望着你渐渐远去的背影，我许下心愿，爱你爱你，我心中的蝴蝶兰。

—— 歌曲《蝴蝶兰》

名称

蝴蝶兰

别称

蝶兰、
台湾蝴蝶兰

颜色

白色、粉红色、黄色、
绿色，亦有很多不同的斑纹、
条纹、斑点、色块等，花色丰富

原料

干佩斯、
食用胶水、白油、
红色色粉、黄色色粉

工具

28 号白色细铁丝、花茎板、细节擀面棍、
蝴蝶兰花瓣切模、蝴蝶兰花瓣纹理模、海绵垫、
调色盘、刷色笔、花枝钳、晾花小碗、绿色胶带

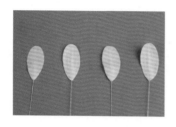 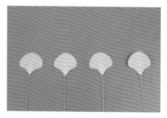 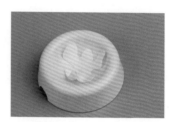

① 取小块干佩斯置于花茎板上擀
薄。用蝴蝶兰花瓣切模切出花
瓣。将白色铁丝从花瓣根部插
入约 1/3 处。将花瓣置于海绵
垫上，用蝴蝶兰花瓣纹理模压
出花瓣纹路，然后放在晾花小
碗内定型晾干。

② 给花蕊上色。

③ 将花蕊与花瓣依次组装，完成
蝴蝶兰的制作。

栀子花

栀子花 花语

永恒的爱，一生守候和喜悦。

栀子花制作视频

089

也有解释说栀子花的花语是"永恒的爱与约定"。栀子花从冬季开始孕育花苞，直到近夏至时才会绽放，含苞期愈长，清芬愈久远；栀子树的叶，也是经年在风霜雪雨中翠绿不凋。于是，虽然看似不经意的绽放，也是经历了长久的努力与坚持。或许栀子花这样的生长习性更符合这一花语。在平淡、持久、温馨、脱俗的外表下，蕴含的是美丽、坚韧、醇厚的生命本质。

名称

栀子花

别称

栀子、黄栀子

颜色

白色

原料

干佩斯、食用胶水、
白油、绿色色粉

工具

28号白色细铁丝、花茎板、细节擀面棍、
栀子花花瓣切模、花瓣纹理模、调色盘、刷色笔、
花枝钳、泡沫海绵、绿色胶带、海绵垫

① 将铁丝的一端用花枝钳折成 U 形钩。取小块干佩斯搓成水滴状并插入铁丝。

② 将干佩斯置于花茎板上擀薄。用小号切模切出 6 片花瓣。将花瓣的一侧刷上胶水。

③ 第一层六片花瓣依次旋转贴在花蕊上。

④ 用栀子花花瓣切模切出中号和大号各 6 片花瓣。将白色细铁丝从花瓣根部插入约 1/3 处。将花瓣置于海绵垫上，用花瓣纹理模压出花瓣纹路。插在泡沫海绵上定型晾干。

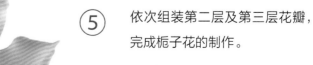

⑤ 依次组装第二层及第三层花瓣，完成栀子花的制作。

牡丹

花语

红牡丹：富贵。

紫牡丹：难为情。

白牡丹：高洁、端庄秀雅、仪态万千、国色天香。

牡丹花制作视频

092

牡丹花的花形宽厚，被称为"百花之王"，寓意着圆满、浓情、雍华富贵。鲜艳的牡丹，娇艳地盛开，象征着生命的期待、淡淡的爱和用心地付出。

赏牡丹

庭前芍药妖无格，池上芙蕖净少情。

唯有牡丹真国色，花开时节动京城。

名称

牡丹

别称

木芍药、洛阳花、富贵花、百雨金

颜色

品种繁多，色泽亦多，多为白色、粉色、紫色、蓝色、绿色、红色、黄色

原料

干佩斯、白油、绿色色膏、红色色粉、橙色色膏、橙色色粉

工具

28号白色细铁丝、花茎板、细节擀面棍、牡丹花花瓣切模、花瓣纹理模、球形棒、调色盘、刷色笔、花枝钳、晾花小碗、绿色胶带

① 将铁丝的一端用花枝钳折成U形钩。

② 取小块绿色干佩斯搓成水滴状插入铁丝，侧面用刀形棒压出雌蕊纹路。三个为一组。

③ 将黄色花蕊中间对折并用铁丝固定，三个为一组作为牡丹花的雄蕊。用糖花胶带将雌蕊与雄蕊固定作为花芯。

④ 将干佩斯置于花茎板上擀薄。用牡丹花花瓣切模切出花瓣。从花瓣的根部插入铁丝，约花瓣的1/2处。用花瓣纹理模压出花瓣纹路。用球形棒将花瓣边缘擀薄。用刷色笔将花瓣刷上橙色色粉。

⑤ 将花瓣根部轻轻向后弯折，第一层绑好5片花瓣。

⑥ 第二层5片花瓣错开绑好。

⑦ 将花瓣由小到大依次绑好，调整花形，完成牡丹花的制作。

马蹄莲

花语

丰富的感性让你更美丽。

世界上有一种花，在花海中独树一帜，没有花瓣层叠，花形简单独特，即使绽放也似含娇含羞。她有一个优雅的名字：马蹄莲。马蹄莲的灵气，就像女孩子稍稍羞怯地提起裙裾，缓缓低头，抚弄春来的泉水。有人说："每一个等待爱情的女孩子，都是一束圣洁的马蹄莲。只要有爱的滋润，象征'圣洁虔诚，永结同心，吉祥如意'的马蹄莲，便会娇媚地开放。"象征幸福的马蹄莲，在欧洲国家是新娘捧花的常用花。

名称

马蹄莲

别称

慈姑花、水芋、海芋百合、观音莲

颜色

白色、红色、
粉红色

原料

干佩斯、食用胶水、白油、
黄色色膏、绿色色粉、黄色色粉

工具

18 号绿色铁丝、花茎板、细节擀面棍、马蹄莲花瓣切模、
马蹄莲花瓣纹理模、调色盘、刷色笔、花枝钳、
马蹄莲花定型模、绿色胶带、海绵垫、球形棒

① 将铁丝的一端折成 U 形钩。

② 取小块黄色干佩斯搓成长条插入铁丝做花蕊。

③ 在黄色的花蕊外面裹上一层细细的白砂糖。

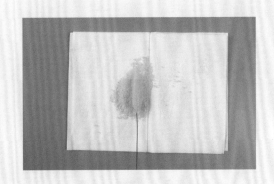

④ 将干佩斯置于花茎板上擀薄。

⑤ 用马蹄莲花瓣切模切出花瓣。

⑥ 将花瓣置于海绵垫上，用球形棒将边缘处擀薄。

 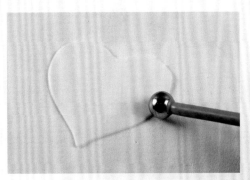

⑦ 用花瓣纹理模压出花瓣纹路。

⑧ 将花瓣边缘向外翻卷，放在马蹄莲定型模上定型晾干。

⑨ 给马蹄莲花瓣内侧的根部刷上黄色色粉。

⑩ 给马蹄莲花瓣外侧的根部刷上绿色色粉。

⑪ 将花蕊与花瓣粘接。

⑫ 调整花形，完成马蹄莲的制作。

豌豆花

 花语

甜蜜、温馨的回忆。

当一阵风吹过来，好像世界上所有的豌豆花都要被吹散了。它就是带有这种短暂而无常的风情的花，如同一个楚楚可怜的少女。

豌豆花花型独特，像展翅欲飞的蝴蝶。无论是餐桌布置、衣饰打扮或者是喜庆宴会的装饰，都会见到它。

名称

豌豆花

别称

香豌豆、花豌豆、腐香豌豆

颜色

白色、粉色、红色、蓝色、菫紫色、深褐色，亦带有斑点或镶边

原料

干佩斯、白油、食用胶水、绿色色粉、黄色色粉

工具

28 号白色细铁丝、花茎板、细节擀面棍、豌豆花花瓣切模、调色盘、刷色笔、花枝钳、针形棒、绿色胶带、海绵垫、球形棒

① 将铁丝的一端用花枝钳折成 U 形钩。

② 取小块干佩斯搓成水滴状插入铁丝，用针形棒压出花蕊纹路。

③ 将干佩斯置于花茎板上擀薄。用豌豆花花瓣切模切出两片花瓣。将花瓣置于海绵垫上，用球形棒将花瓣边缘处擀薄。

④ 将两片花瓣依次粘贴在花蕊上。将花蕊与第一层花瓣刷上黄色色粉。将豌豆花的根部刷上绿色色粉。

⑤ 将做好的豌豆花组装在一起，完成制作。

绣球花

花语 希望，美满。

绣球花一向以在严冬开花而闻名于世。寒冬时，乍见粉红色的花蕾和白色的花朵，似乎在告诉人们春天的脚步近了。因此绣球花的花语就是希望、美满。受到这种花祝福而生的人，极富忍耐力和包容力。他会带给许多人希望，自己的人生也非常的丰富。

名称

绣球花

别称

八仙花、粉团花、草绣球、紫绣球、紫阳花

颜色

白色、粉色、紫色、蓝色、绿色

原料

干佩斯、白油、蓝色色粉

工具

28 号白色细铁丝、花茎板、细节擀面棍、绣球花瓣切模、绣球花瓣纹理模、调色盘、刷色笔、花枝钳、泡沫海绵、绿色胶带

  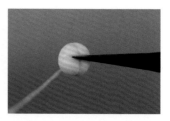

① 将干佩斯置于花茎板上擀薄。用绣球花瓣切模切出花瓣。铁丝一端刷上少量胶水，插入花瓣的1/2处。用绣球花瓣纹理模压出花瓣纹路。将花瓣插在泡沫海绵上晾干定型。用刷色笔将花瓣刷上蓝色色粉。

② 将铁丝的一端用花枝钳折成U形钩。取小块面搓成水滴状插入铁丝，顶端用刀形棒压出十字，并刷上色粉，作为绣球花花蕊。

③ 取4片花瓣，由根部轻轻向后弯折，与花蕊组装在一起即可。

④ 将组装的花瓣绑成一个花球。

⑤ 将绣球花与叶子组装在一起，完成制作。

睡莲

花语 纯洁，高高在上，不谙世事，纤尘不染。

在古希腊、古罗马，睡莲与中国的荷花一样，被视为圣洁、美丽的化身，常被用作供奉女神的祭品。

德国人认为睡莲的花语是妖艳，凡是受到这种花祝福而生的人，天生具有一种异性难以抗拒的魅力。

在古埃及神话里，睡莲被奉为"神圣之花"，成为遍布古埃及寺庙廊柱的图腾，象征着"只有开始，不会幻灭"的祈福。

睡莲亦是泰国、埃及、孟加拉国的国花。泰国是佛教国家，而莲又与佛有着千丝万缕的联系，无论是如来佛所坐，或观世音站立的地方，都有千层的莲花，它象征着圣洁、庄严与肃穆。信佛之人，必深爱莲花。睡莲与荷花同属睡莲科，在佛教中，则通称为莲花。

名称

埃及蓝睡莲

颜色

蓝色

原料

干佩斯、白油、食用胶水、
蓝色色粉、咖色色粉

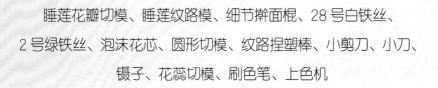

睡莲花瓣切模、睡莲纹路模、细节擀面棍、28 号白铁丝、
2 号绿铁丝、泡沫花芯、圆形切模、纹路捏塑棒、小剪刀、小刀、
镊子、花蕊切模、刷色笔、上色机

一、制作花芯

① 准备一个水滴形泡沫花芯。

② 将 2 号绿铁丝插入水滴形泡沫的 1/2 处。

③ 将蓝色干佩斯置于花茎板上擀薄，包在水滴形泡沫上，并用小刀刻出纹路。

④ 用镊子将小刀刻出的纹路捏成条状。

⑤ 将蓝色色粉刷在花蕊的中心处。

⑥ 用花蕊切模切出花蕊，用手将花蕊尖端微微卷起。

⑦ 将花蕊根部沾少许胶水贴在泡沫花芯上围一圈，将咖色色粉刷在花蕊中间处。

⑧ 将蓝色色粉刷在花蕊的尖端。

⑨ 花芯部分共粘花蕊三层。

二、制作花瓣

① 将干佩斯擀薄至 0.2cm 厚。

② 用睡莲花瓣切模将花瓣切下，
共四个号，放入密封袋中备用。

③ 用细节擀面棍把花瓣两边擀薄，
中间留一条花茎。

④ 将 28 号白铁丝沾胶水插入花瓣
的 1/2 处。

⑤ 把花瓣放在睡莲纹路模上压出
纹路，晾干定型。

⑥ 把蓝色色粉刷在花瓣的四周。

⑦ 将花瓣由小到大依次绑在花芯上。

三、制作荷叶

① 将绿色的干佩斯擀薄至 0.1cm 厚。

② 用大小不一的圆形切模将荷叶切下来并放入密封袋备用。

③ 用细节擀面棍将两边擀薄，中间留一条叶茎，用圆形切模再次将荷叶切下来。

④ 用小剪刀在荷叶上剪出一个 V 形，将 28 号白铁丝沾胶水插入荷叶的叶茎处。

⑤ 用纹路捏塑棒在荷叶上压出荷叶纹路。

⑥ 把绿色色素、黄色色素调匀倒入上色机中喷在荷叶上，中间深、四周浅即可。

彼岸花

花语

优美，纯洁。

彼岸花是石蒜的一种，为血红色。彼岸花的美，是妖异、灾难、死亡与分离的不祥之美，触目惊心的赤红，如火、如血。

彼岸花，开一千年，落一千年，花叶永不相见。

情不为因果，缘注定生死，永远相识相知却不能相恋。

在此生无法触及的彼岸，卸下所有记忆，黄泉为花。

一千年开，一千年落。

名称

彼岸花

别称

曼珠沙华、石蒜、龙爪花

颜色

红色

原料

干佩斯、白油、食用胶水、红色色素

工具

彼岸花花瓣切模、纹路捏塑棒、球形棒、海绵垫、上色机、圆形切模、28 号白铁丝、细节擀面棍

一、制作花蕊

① 将干佩斯搓成小球。

② 将28号白铁丝沾胶水插入小球
中搓长。

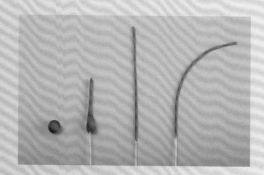

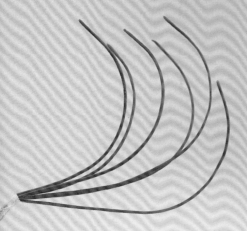

③ 将干佩斯搓至铁丝粗细。

④ 定型成弧度。

⑤ 将6根花蕊向同一方向绑在一起。

二、制作花瓣

① 将干佩斯擀薄至0.2cm厚。

② 用彼岸花花瓣切模切出花瓣放
入密封袋中备用。

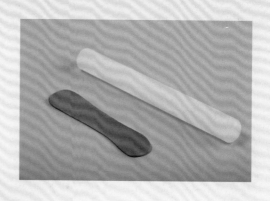

 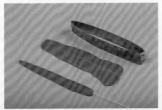 

③ 用细节擀面棍将花瓣两边擀薄，中间留一条花茎，用彼岸花花瓣切模再次将花瓣切下，将28号白铁丝沾胶水插入花瓣的1/3处。

④ 用纹路捏塑棒在花瓣上压出纹路。

⑤ 将花瓣置于海绵垫上，用球形棒把花瓣边缘擀薄并打浪，将花瓣放置于圆形切模上晾干定型，共做36片花瓣。

⑥ 把晾干的花瓣绑在花蕊的周围。

⑦ 将6片花瓣依次绑完。

⑧ 红色色素倒入上色机中上色。用黄色干佩斯搓一个橄榄形粘在花蕊的尖端，完成彼岸花的制作。

灯笼花

喜庆，吉祥，安宁，感恩。

114

灯笼花的名字是来源于拉丁语中的"健康",因为在很久以前灯笼花就被当作药用植物。花的形状很像铃铛和灯笼,所以又叫做圣诞铃铛、中国灯笼。灯笼花为常绿灌木,露天栽培株高可达2米,盆栽也保持1~1.5米,枝叶繁茂,枝条细软,呈拱形垂下,树形树姿美观。花柄细长,高高垂下,花蕊伸出花冠之外,花朵如宫灯高挂。灯笼花用它独特的形式展现着它的可爱之处。

名称

灯笼花

别称

铃儿花、吊钟花、
吊钟海棠

原料

干佩斯、食用胶水、橙色色粉、黄色色粉、
绿色色粉、红色色粉、白油

颜色

红色、紫色、
黄色、白色

工具

22号白铁丝、灯笼花花瓣切模、纹路捏塑棒、
细节擀面棍、小剪刀、叶子切模、叶子纹路模、
调色盘、刷色笔、鸡蛋海绵、球形棒

一、制作花芯

① 将干佩斯置于花茎板的左下角擀薄。

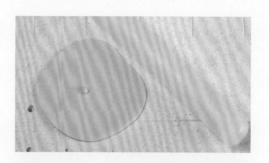

② 用灯笼花花瓣切模将花瓣切下来。

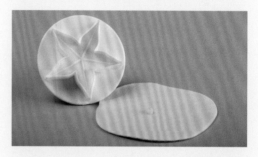

③ 将花瓣置于手中，用纹路捏塑棒压出纹路并将5片花瓣擀宽。

④ 将花瓣的边缘涂少许食用胶水，依次将5片花瓣粘起来成灯笼形。

⑤ 将28号白铁丝一端折成U形钩，沾上胶水插入花瓣的中间。

⑥ 将黄色色粉、橙色色粉、红色色粉倒入调色盘中拌匀，用刷色笔刷在灯笼花上，5个边上色重，中间浅，完成花芯的制作。

二、制作叶子

① 将绿色干佩斯擀薄至 0.2cm 厚。

② 用叶子切模将叶子切下来放入密封袋备用。

③ 用细节擀面棍将叶子的两端擀薄，中间留一条花茎，用叶子切模再次把叶子切下来。

④ 将 28 号铁丝一端折成 U 形钩，沾上胶水插入叶子的 1/2 处。

⑤ 用叶子纹路模压出叶子纹路。

⑥ 将叶子置于海绵垫上，用球形棒把边缘擀薄，放在鸡蛋海绵上定型晾干。

⑦ 将黄色色粉、绿色色粉依次刷在叶子的中间，边缘处刷红色色粉，完成叶子的制作。

⑧ 最后将花芯和叶子组装在一起。

荷花

清白、高尚而谦虚（高风亮节）。

传说荷花是王母娘娘身边的一个美貌侍女——玉姬的化身。当初玉姬看见人间双双对对，男耕女织，十分羡慕，因此动了凡心，在河神女儿的陪伴下偷偷离开天宫，来到杭州的西子湖畔。西湖秀丽的风光使玉姬流连忘返，忘情地在湖中嬉戏，到天亮也舍不得离开。王母娘娘知道后用莲花宝座将玉姬打入湖中淤泥里，让她永世不得再登南天。从此，天宫中少了一位美貌的侍女，而人间多了一种玉肌水灵的鲜花。

"出淤泥而不染，濯清涟而不妖。"（周敦颐《爱莲说》）这句话表现了荷花坚贞、纯洁、无邪、清正的品质。荷花是品德高尚的花。

名称

荷花

别称

莲花、水芙蓉、藕花、芙蕖、
水芝、水华、泽芝、中国莲

颜色

红色、黄色、粉色和白色，
还有一些串色品种

原料

干佩斯、粉色色素、绿色色素、
黄色色素、白油、食用胶水

工具

28 号白铁丝、2 号铁丝、细节擀面棍、荷花切模、圆形切模、
绿色胶带、纹路捏塑棒、刀形捏塑棒、晾花托、小剪刀、
海绵垫、球形棒、黄色花蕊、白色胶带、上色机

一、制作莲蓬

① 将小块绿色干佩斯搓成水滴形。

② 用2号铁丝折一个小弯钩插入水滴的尖端,将水滴状的另一头压平。

③ 用球形棒戳几个放莲子的小窝。

④ 用黄色干佩斯搓小球沾胶水粘在小窝中。

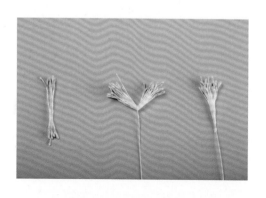

⑤ 将黄色花蕊分四组,每一组10根,用28号白铁丝将四组花蕊从中间绑起来,并用白色胶带将花蕊根部缠紧,用手将其捏成扇形。

⑥ 将绑好的花蕊绑在莲蓬的根部。

⑦ 莲蓬用上色机上一层黄色、一层绿色,把四组花蕊依次绑在莲蓬上,完成莲蓬的制作。

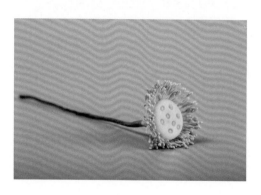

二、制作花瓣

① 将白色干佩斯擀薄至 0.2cm 厚。

② 用荷花切模将花瓣切下，共三个号，每个号切 5 片花瓣，放入密封袋中备用。

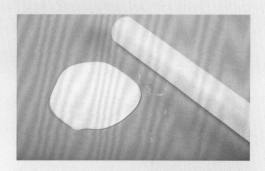

③ 用细节擀面棍将花瓣两边擀薄，中间留一条花茎。用荷花切模将花瓣再次切下。

④ 将 28 号白铁丝沾胶水插入花瓣的 1/2 处。

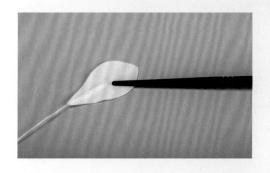

⑤ 用纹路捏塑棒在花瓣上压出纹路。

⑥ 将花瓣置于海绵垫上，用球形棒把边缘擀薄，定型。

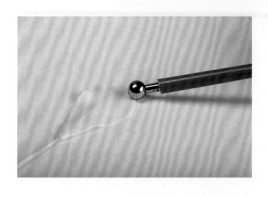

⑦ 将粉色色素倒入上色机中喷在花瓣的尖端处。

⑧ 把黄色色素、绿色色素倒入上色机中喷在花瓣的根部。

⑨ 将花瓣由小到大依次绑在花蕊上，完成花瓣的制作。

三、制作荷叶

① 将绿色的干佩斯擀薄至0.1cm厚。

② 用大小不一的圆形切模将荷叶切下来放入密封袋备用。

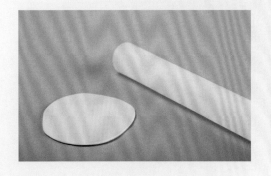

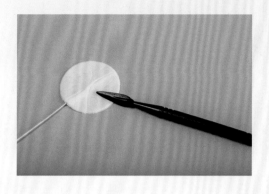 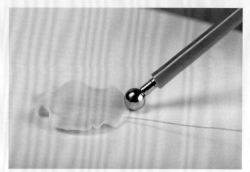

③ 用细节擀面棍将荷叶的两边擀薄，中间留一条叶茎。将28号白铁丝沾胶水插入叶子的1/2处。

④ 用刀形捏塑棒在荷叶上划出荷叶纹路。

⑤ 将荷叶置于海绵垫上，用球形棒将四周擀薄至微微打浪。

⑥ 把绿色色素、黄色色素调匀倒入上色机中喷在荷叶上，中间颜色深、四周颜色浅即可。

洋桔梗

花语

真诚不变的爱，纯洁，无邪，漂亮，感动，富于感情。

124

洋桔梗原生长于美国南部至墨西哥之间的石灰岩地带。从 20 世纪 70 年代开始，洋桔梗作为切花在日本和朝鲜等地流行起来。洋桔梗花色典雅明快，花形别致可爱。洋桔梗的品种一般分为单瓣花和重瓣花。单瓣花的洋桔梗像罂粟花，虽然很吸引人，但是似乎人们更喜欢重瓣品种。重瓣洋桔梗花瓣有 10~20 个，完全开放时看起来很像月季。

名称

洋桔梗

别称

草原龙胆、土耳其桔梗、
丽钵花、德州兰铃

颜色

主要有红、粉红、淡紫、紫、白、黄色，
以及各种不同程度镶边的复色花

原料

干佩斯、紫色色粉、绿色色粉、
深绿色色粉、白油、食用胶水

工具

28 号白铁丝、水滴切模、叶子切模、纹路捏塑棒、细节擀面棍、刀形纹路棒、
海绵垫、绿色胶带、白色胶带、球形棒、调色盘、刷色笔、刀形捏塑棒

一、制作花芯

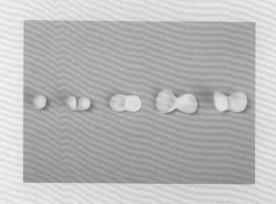

① 用绿色干佩斯搓一个小球。

② 将小球从中间搓至葫芦状，用手将两边压平。

③ 将花芯置于海绵垫上，用球形棒擀薄，定型成豆芽状。

④ 将绿色干佩斯搓成小球，28 号白铁丝插入小球中搓至均匀。

⑤ 将豆芽状花芯沾胶水插在铁丝尖端晾干。

⑥ 取绿色干佩斯搓成小球插在花芯的根部。

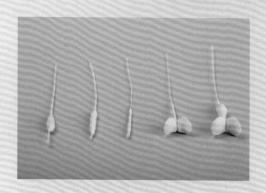

⑦ 取 5 根 28 号白铁丝，在铁丝尖端粘上黄色花蕊。

⑧ 把花蕊依次绑在花芯根部，完成花芯的制作。

二、制作花瓣

① 将干佩斯擀薄至 0.2cm 厚，用水滴切模将花瓣切下，共切 5 瓣，放入密封袋中备用。

② 用纹路捏塑棒在花瓣上压出纹路。

③ 将花瓣置于手中，用捏塑棒将边缘擀薄并且微微打浪。

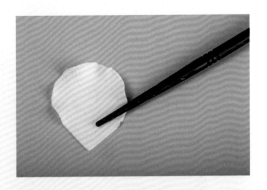

④ 将花瓣依次粘在花芯上，最后一瓣要压在第一瓣花瓣的下面，倒挂晾干。

⑤ 将绿色色粉刷在洋桔梗的根部，紫色色粉刷在洋桔梗花瓣的边缘处。

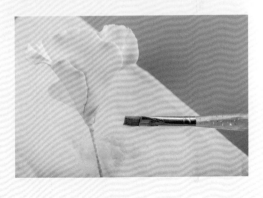

⑥ 将绿色干佩斯搓成小球，28 号白铁丝插入小球中搓匀，搓至尖端粗细均匀，将尖端微微卷起。

⑦ 将花萼依次绑在洋桔梗的根部，完成花瓣的制作。

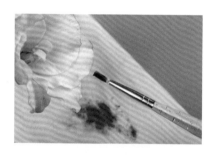
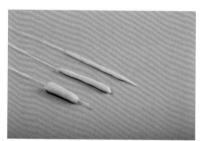

三、制作叶子

① 将绿色的干佩斯擀薄至 0.2cm 厚。

② 用叶子切模将叶子切下来放入密封袋备用。

③ 用细节擀面棍将叶子两边擀薄，中间留一条花茎，28 号白铁丝沾胶水插入叶子的 1/2 处。

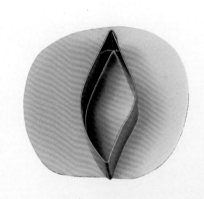

④ 用刀形纹路棒在叶子上画出纹路，将叶子置于海绵垫上，用球形棒将四周擀薄至微微打浪。

⑤ 将绿色色粉、黄色色粉倒入调色盘调匀，刷在叶子上，将深绿色色粉刷在叶子的边缘处，晾干，完成叶子的制作。

  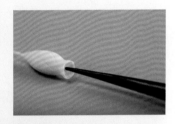

四、制作花苞

① 将干佩斯搓成水滴状。

② 将 28 号白铁丝折成 U 形钩，沾胶水插入水滴状干佩斯的 1/2 处。

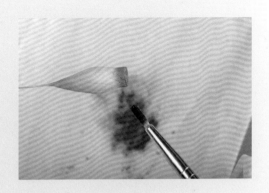

③ 用刀形捏塑棒划出纹路。

④ 将花苞的纹路旋转。

⑤ 用捏塑棒在花苞的尖端擀开呈漏斗状。

⑥ 在花苞的根部刷绿色色粉。

⑦ 在花苞的尖端处刷紫色色粉。

⑧ 用绿色胶带做 5 枚花萼绑在花苞的根部，完成花苞的制作。

蓝铃花

花 语

访问。

花语解读：蓝铃花又称"苏格兰的蓝色铃铛"或"妖精的铃铛"。因为它的花形看起来像个吊钟，而吊钟容易让人联想到房子玄关处所挂的铃铛，每当有人来访，推门进来时铃铛就会响。因此，它的花语是"访问"。

自古以来，基督教就有将圣人与特定花朵联系在一起的习惯，这因循于教会在纪念圣人时，常以盛开的花朵点缀祭坛所致！蓝铃花被选来祭祀 13 世纪创立多米尼科修道院的圣多米尼科。

名称

蓝铃花

别称

野风信子

颜色

菫蓝色

原料

干佩斯、紫色色粉、绿色色粉、
白油、食用胶水

工具

28 号白铁丝、细节擀面棍、刀形捏塑棒、针形捏塑棒、小剪刀、
海绵垫、绿色胶带、白色胶带、球形棒、调色盘、刷色笔、纹路捏塑棒

一、制作花苞

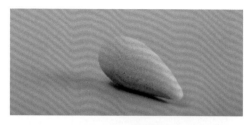

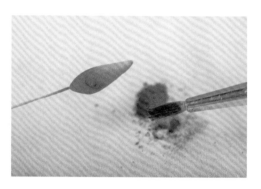

① 将干佩斯搓至水滴状。

② 将 28 号白铁丝沾胶水插入水滴状干佩斯的 1/2 处。

③ 用刀形捏塑棒划出纹路。

④ 将紫色色粉刷在花苞的根部。

二、制作花朵

① 将干佩斯搓至水滴状。

② 用针形捏塑棒在尖端擀开呈漏斗状。

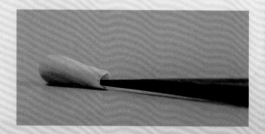

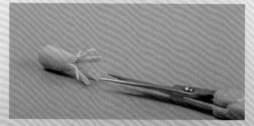

③ 用小剪刀剪出花瓣，将花瓣捏出尖端。

④ 将 28 号白铁丝折成 U 形钩，绑 3 根花蕊，在花蕊根部沾胶水插入花朵中。

⑤ 用刀形捏塑棒在花朵根部划纹路。

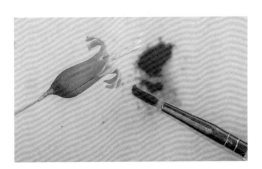

⑥ 将花朵根部刷上紫色色粉，完成花朵的制作。

三、制作叶子

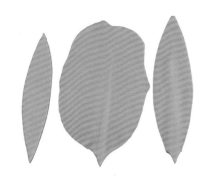

① 将干佩斯擀薄至 0.2cm 厚，用刀形捏塑棒将叶子划出来。

② 将叶子的两边擀薄，中间留一条叶茎。

③ 用刀形捏塑棒再次将叶子划下来。

④ 将 28 号白铁丝沾胶水插入叶子的 1/2 处。

⑤ 用纹路捏塑棒压出纹路并置于海绵垫上，用球形棒将边缘擀薄。

⑥ 在叶子根部刷上绿色色粉，完成叶子的制作。

绿牡丹

 花 语

生命，期待，淡淡的爱。

134

绿牡丹为菊花名种，是菊花家族不可多得的珍品。花，绿色、平瓣，多轮不露芯，属芍药花形。花开时，外部花瓣浅绿，中部花瓣翠绿向上卷曲，整个花冠严紧，呈扁球状。

绿菊

芳菊仙踪流绿影，秋摧香冷玉颜娇。

花姿清逸幽篱下，恬淡嫣然美翠瑶。

名称

绿牡丹

颜色

绿色

原料

干佩斯、绿色色粉、
白油、食用胶水

28 号白铁丝、2 号绿铁丝、叶子纹路模、海绵垫、绿色胶带、
球形棒、调色盘、刷色笔、刀形捏塑棒、镊子

 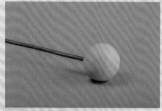 

一、制作花芯

① 将干佩斯搓至球状。

② 2 号绿铁丝沾胶水插入水滴状干佩斯的 1/2 处。

③ 用刀形捏塑棒划出纹路。

④ 用镊子将花蕊捏成条状。

⑤ 将干佩斯搓成条状，将 28 号白铁丝插入小球中，将小条搓均匀，分成四种不同的长度。

⑥ 将花瓣由小到大依次绑在花蕊的根部。

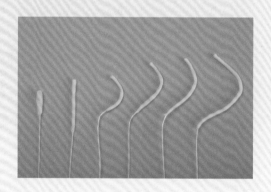

⑦ 在花朵的根部刷上绿色色粉。

二、制作叶子

① 将干佩斯擀薄至 0.2cm 厚，用刀形捏塑棒将叶子划出来。

② 将叶子的两边擀薄，中间留一条叶茎。

③ 用刀形捏塑棒再次将叶子刻下来。

④ 将 28 号白铁丝沾胶水插入叶子的 1/2 处。

⑤ 用叶子纹路模压出纹路并置于海绵垫上，用球形棒将边缘擀薄。

⑥ 在叶子根部刷上绿色色粉，完成叶子的制作。

昙花

刹那间的美丽，一瞬间的永恒。

人们用"昙花一现"比喻美好事物不持久。类似的成语有弹指之间、电光石火、白驹过隙、稍纵即逝等，表示美好的事物不长久，人生之短暂。

传说昙花原是一位花神，她每天都开花，四季都灿烂。她爱上了每天给她浇水、除草的年轻人。后来玉帝得知此事，大发雷霆，将花神贬为每年只能开一瞬间的昙花，不让她再和情郎相见，还把那个年轻人送去灵鹫山出家，赐名韦陀，让他忘记前尘往事，忘记花神。多年过去了，韦陀果真忘了花神，潜心习佛，渐有所成。而花神却怎么也忘不了那个曾经照顾她的小伙子。她知道每年暮春时分，韦陀总要下山来为佛祖采集朝露煎茶。所以昙花就选择在那个时候开放。她把集聚了整整一年的精气绽放在那一瞬间。她希望韦陀能回头看她一眼，能记起她……

名称

昙花

别称

琼花、鬼仔花、韦陀花

颜色

白色

原料

干佩斯、橙色色粉、黄色色粉、白油、食用胶水

工具

28号白铁丝、棉线、昙花切模、纹路模具、细节擀面棍、海绵垫、绿色胶带、白色胶带、球形棒、调色盘、刷色笔

一、制作花芯

① 将白色花蕊分5根，用28号白铁丝折成U形钩绑在花芯根部。

② 将棉线剪成由长到短的花蕊绑在花芯的根部。

③ 将黄色色粉刷在花蕊处，完成花芯的制作。

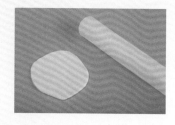  

二、制作花瓣

① 将干佩斯置于花茎板上擀薄。

② 用昙花切模将花瓣切下。

③ 用细节擀面棍将花瓣两边擀薄，中间留一条花茎，用昙花切模再次将花瓣切下。

④ 将 28 号白铁丝沾胶水插入花瓣的 1/2 处。

⑤ 用纹路压模在花瓣上压出纹路。

⑥ 将花瓣置于海绵垫上，用捏塑棒将边缘擀薄并且微微打浪。

⑦ 花瓣定型，晾干。

⑧ 将干佩斯擀薄，用昙花切模将花瓣切下来。

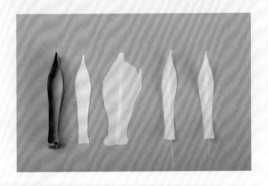

⑨ 用细节擀面棍将花瓣两边擀薄，中间留一条花茎，用切模再次切下来。

⑩ 将 28 号白铁丝沾胶水插入花瓣的 1/2 处。

⑪ 用纹路模压纹路，定型晾干。

⑫ 将白色干佩斯搓成小球。

⑬ 将 28 号白铁丝沾胶水插入小球中，搓成长条压扁做针形花瓣。

⑭ 将橙色色粉刷在针形花瓣上。

⑮ 将针形花瓣依次绑在昙花根部，完成花瓣的制作。

天竺葵

花语

偶然的相遇，幸福就在你身边。

天竺葵象征着美好爱情的开始，在人们发现幸福就在身边时，对幸福的追求，用天竺葵来表示最合适了。不同颜色的天竺葵又有不同的花语。

红色天竺葵：红色给人激励，让人们印象深刻，就像心里的他（她）在脑海中挥之不去，象征着对爱的思念与执着。

粉红色天竺葵：我们是知心的爱人，每时每刻的相伴都是最美好的，象征着美好幸福的时刻与陪伴。

斑叶天竺葵：白色，代表了纯洁的友谊，真挚而不可磨灭。

名称

天竺葵

颜色

红色、粉红色、白色

别称

洋绣球、入腊红、石腊红、日烂红、洋葵、驱蚊草、洋蝴蝶

原料

干佩斯、红色色素、绿色色素、咖色色素、白油、食用胶水

工具

28 号白铁丝、天竺葵切模、叶子纹路模、纹路捏塑棒、刀形捏塑棒、

细节擀面棍、海绵垫、绿色胶带、白色胶带、

小剪刀、球形棒、调色盘、刷色笔

一、制作花芯

① 将白色花蕊分 3 根，将 28 号
白铁丝折成 U 形钩，绑在花
蕊根部，将花蕊的尖端用小剪
刀剪掉。

② 将白色花蕊分 5 根，用 28 号白
铁丝折成 U 形钩绑在花蕊根部。

③ 将步骤 1 与 2 的成品绑在一起，3 根花蕊的在上，5 根花蕊的在下，用白色胶
带在根部绑紧，完成花芯的制作。

二、制作花瓣

① 将干佩斯擀薄至 0.2cm 厚，用
天竺葵切模将花瓣切下，共切 5
瓣，放入密封袋中备用。

② 用细节擀面棍将花瓣的两边擀
薄，中间留一条花茎，用天竺葵
切模再次将花瓣切下。

③ 将28号白铁丝沾上胶水插入花瓣的 1/2 处。

④ 用纹路捏塑棒在花瓣上压出纹路。

⑤ 将花瓣置于海绵垫上，用捏塑棒将边缘擀薄并且微微打浪，晾干。

⑥ 红色色素倒入上色机中喷在花瓣上，再次晾干。

⑦ 将花瓣依次绑在花芯上，最后一瓣要压在第一瓣的下面，完成花瓣的制作。

三、制作叶子

① 将绿色的干佩斯擀薄至 0.2cm 厚，用刀形捏塑棒将叶子切下来放入密封袋备用。

② 用细节擀面棍将叶子两边擀薄，中间留一条花茎，用刀形捏塑棒再次将叶子切下来。

③ 将 28 号白铁丝沾上胶水插入叶子的 1/2 处。

④ 将叶子置于叶子纹路模中压出纹路。

⑤ 将叶子置于海绵垫上，用球形棒将四周擀薄至微微打浪。

⑥ 把绿色色素、黄色色素依次用上色机喷在叶子上，再加入咖色色素喷在叶子的边缘，晾干。

四、制作花苞

① 将干佩斯搓成小球。

② 将小球整形成水滴状。

③ 将 28 号铁丝折 U 形钩插入花苞的 1/2 处。

④ 用捏塑棒在花苞处压出纹路。

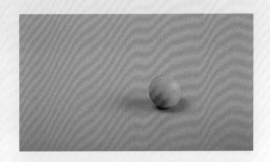

⑤ 红色色素倒入上色机中喷在花苞的尖端。

⑥ 剪出五枚绿色萼片粘在花苞的根部，完成花苞的制作。

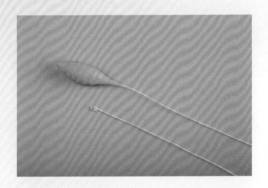

樱花

花语

幸福，热烈，纯洁。

148

櫻花原产于北半球温带环喜马拉雅山地区，现在在世界各地都有生长，主要生长在日本。每年3月15日至4月15日为日本的"樱花节"，严冬过后是它最先把春天的气息带给日本人民。花开时节，人们携酒带肴在樱花树下席地而坐，边赏樱边畅饮，真是人生一大乐趣。

名称

櫻花

别称

东京樱花、日本樱花

颜色

粉色、红色、玫红色、淡绿色、白色

原料

干佩斯、白油、食用胶水、桃红色色粉、柠檬黄色色粉、绿色色粉、咖色色粉、黄色砂糖

工具

28号白铁丝、水滴形切模、球形棒、玫瑰花纹路模、海绵垫、调色盘、刷色笔、白色棉线、白色胶带、小剪刀、细节擀面棍

一、制作花蕊

1. 将28号白色铁丝的长度剪为10cm备用。

2. 将棉线对折七次剪断，对折长度为5cm。

3. 用白色铁丝在棉线的中间部位绑紧，然后将对折后的棉线尖端剪开。

4. 用白色胶带在棉线根部绑紧，需所剩花蕊的长度为1cm。

5. 往调色盘中倒入少量红色色粉，均匀地刷在花蕊的根部。

6. 将柠檬黄色色粉与黄色砂糖混合均匀作为花粉，花蕊的尖端用酒精沾湿，然后粘上少量花粉即可。

二、制作花瓣

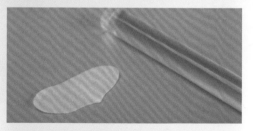

1. 将干佩斯擀薄至0.2cm厚。

2. 用水滴形切具切出花瓣。

3. 用细节擀面棍将两边擀薄，中间留一条花茎。

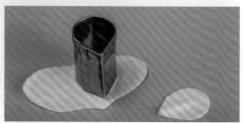

4. 用水滴形切模再次切下来。

5. 将28号白色铁丝沾上胶水插入花瓣的1/2处。

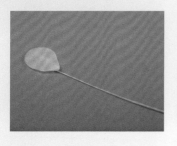 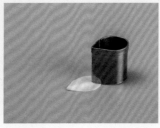 

⑥ 用小剪刀或者水滴形切模的尖端将花瓣的前端剪出一个 V 形小口。

⑦ 将花瓣放入玫瑰花纹路模中压出纹路。

⑧ 将花瓣置于海绵垫上，用球形棒把花瓣边缘擀薄至微微打浪，将花瓣的根部捏紧，晾干。

⑨ 在花瓣的 V 形切口处与花瓣的根部刷少许桃红色色粉。

⑩ 将花瓣略高于花蕊依次绑 5 瓣即可。

三、制作花萼

① 将绿色的干佩斯搓成水滴状。

② 把尖端朝上用细节擀面棍将周边擀薄。

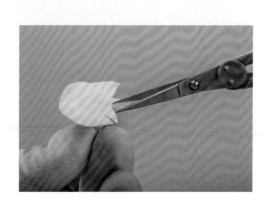

③ 用小剪刀剪出 5 枚萼片。

④ 将花萼置于手中，用纹理棒擀出纹理。

⑤ 将花萼从铁丝底部插入包住花瓣根部，花萼用绿色色粉和咖色色粉刷上色，完成花萼的制作。

图书在版编目（CIP）数据

我的翻糖艺术 / 新东方烹饪教育组编. —北京：中国人民大学出版社，2017.10
（西点师成长必修课程系列）
ISBN 978-7-300-24991-9

Ⅰ.①我… Ⅱ.①新… Ⅲ.① 西点－烘焙 Ⅳ.① TS213.2

中国版本图书馆CIP数据核字（2017）第227304号

西点师成长必修课程系列
我的翻糖艺术
新东方烹饪教育 组编
Wo de Fantang Yishu

出版发行	中国人民大学出版社			
社　　址	北京中关村大街31号		**邮政编码**	100080
电　　话	010-62511242（总编室）		010-62511770（质管部）	
	010-82501766（邮购部）		010-62514148（门市部）	
	010-62515195（发行公司）		010-62515275（盗版举报）	
网　　址	http://www.crup.com.cn			
	http://www.ttrnet.com（人大教研网）			
经　　销	新华书店			
印　　刷	北京宏伟双华印刷有限公司			
规　　格	185mm×260mm　16开本		**版　　次**	2017年10月第1版
印　　张	10		**印　　次**	2021年8月第5次印刷
字　　数	155000		**定　　价**	40.00元